AF476845

MINISTÈRE DE L'AGRICULTURE ET DU COMMERCE

EXPOSITION UNIVERSELLE INTERNATIONALE DE 1878, A PARIS

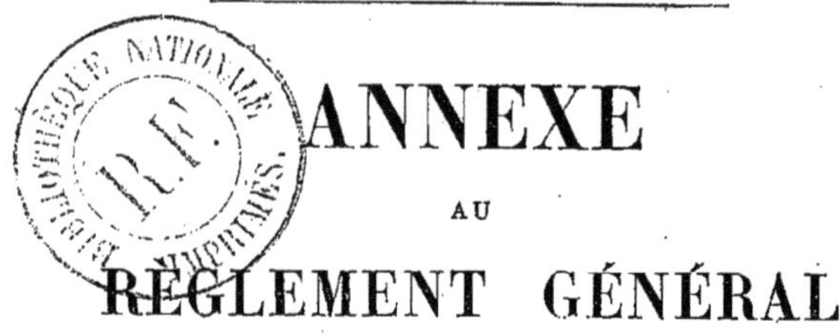

ANNEXE
AU
RÈGLEMENT GÉNÉRAL

DISPOSITIONS PARTICULIÈRES
AUX EXPOSANTS FRANÇAIS ET ÉTRANGERS DU GROUPE
DES
ANIMAUX VIVANTS

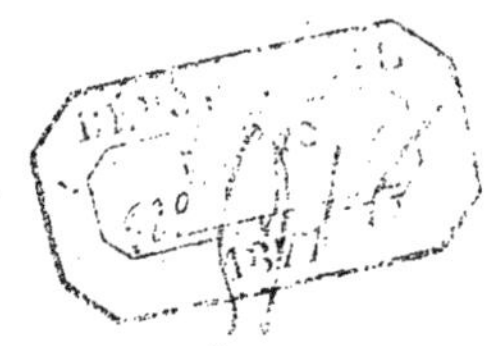

CLASSES 78 A 81

Espèces Bovine, Ovine, Porcine et Animaux de basse-cour

ARTICLE PREMIER. — Un concours universel d'animaux reproducteurs mâles et femelles, étrangers et français, des espèces bovine, ovine, porcine et d'animaux de basse-cour aura lieu à Paris en 1878.

ART. 2. — Des prix et des médailles seront attribués aux différentes classes, catégories et sections entre lesquelles se partage le concours et répartis de la manière suivante entre les animaux jugés dignes de les obtenir.

ESPÈCE BOVINE [1]

(Les animaux devront être nés avant le 1er mai 1877 et la déclaration mentionnée à l'art. 12 devra indiquer l'âge au 1er mai 1878.)

PREMIÈRE DIVISION.

ANIMAUX MALES ET FEMELLES DE RACES ÉTRANGÈRES NÉS ET ÉLEVÉS A L'ÉTRANGER, AMENÉS OU IMPORTÉS EN FRANCE ET APPARTENANT SOIT A DES ÉTRANGERS SOIT A DES FRANÇAIS.

PREMIÈRE CLASSE.

RACES DU LITTORAL DE LA MER DU NORD.

Première catégorie. — Race Durham à courtes cornes (short-horned improved).

Animaux mâles de 1 à 2 ans.

1er prix, 1,000 fr. — 2e prix, 900 fr. — 3e prix, 800 fr. — 4e prix, 700 fr.

Animaux mâles de 2 à 4 ans.

1er prix, 1,000 fr. — 2e prix, 900 fr. — 3e prix, 800 fr. — 4e prix, 700 fr.

Animaux femelles de 1 à 2 ans.

1er prix, 500 fr. — 2e prix, 400 fr. — 3e prix, 300 fr. — 4e prix, 250 fr.

Animaux femelles de 2 ans et au-dessus.

1er prix, 600 fr. — 2e prix, 500 fr. — 3e prix, 400 fr. — 4e prix, 350 fr. — 5e prix, 300 fr.

Deuxième catégorie. — Race Héreford.

Animaux mâles de 1 à 2 ans.

1er prix, 800 fr. — 2e prix, 700 fr.

Animaux mâles de 2 à 4 ans.

1er prix, 800 fr. — 2e prix, 700 fr.

Animaux femelles de 1 à 2 ans

1er prix, 400 fr. — 2e prix, 300 fr.

Animaux femelles de 2 ans et au-dessus.

1er prix, 500 fr. — 2e prix, 400 fr.

Troisième catégorie. — Races Devon, Sussex et analogues.

Animaux mâles de 1 à 2 ans.

1er prix, 800 fr. — 2e prix, 700 fr.

---

(1) Les premiers prix seront accompagnés d'une médaille d'or, les seconds d'une médaille d'argent, et les autres d'une médaille de bronze.

Animaux mâles de 2 à 4 ans.

1er prix, 800 fr. — 2e prix, 700 fr.

Animaux femelles de 1 à 2 ans.

1er prix, 400 fr. — 2e prix, 300 fr.

Animaux femelles de 2 ans et au-dessus.

1er prix, 500 fr. — 2e prix, 400 fr.

Quatrième catégorie. — Races des îles de la Manche (Jersey, Alderney, etc.).

Animaux mâles de 1 à 4 ans.

1er prix, 600 fr. — 2e prix, 500 fr.

Animaux femelles de 1 an et au-dessus.

1er prix, 400 fr. — 2e prix, 300 fr. — 3e prix, 200 fr.

Cinquième catégorie. — Race d'Ayr.

Animaux mâles de 1 à 4 ans.

1er prix, 600 fr. — 2e prix, 500 fr. — 3e prix, 400 fr. — 4e prix, 300 fr.

Animaux femelles de 1 an et au-dessus.

1er prix, 400 fr. — 2e prix, 300 fr. — 3e prix, 250 fr. — 4e prix, 200 fr.

Sixième catégorie. — Races sans cornes (Angus, Suffolk, Aberdeen et Galloway).

Animaux mâles de 1 à 2 ans.

1er prix, 800 fr. — 2e prix, 700 fr.

Animaux mâles de 2 à 4 ans.

1er prix, 800 fr. — 2e prix, 700 fr. — 3e prix, 600 fr.

Animaux femelles de 1 à 2 ans.

1er prix, 500 fr. — 2e prix, 400 fr.

Animaux femelles de 2 ans et au-dessus.

1er prix, 600 fr. — 2e prix, 500 fr. — 3e prix, 400 fr.

Septième catégorie. — Race des highlands d'Écosse.

Animaux mâles de 1 à 2 ans.

1er prix, 700 fr. — 2e prix, 600 fr.

Animaux mâles de 2 à 4 ans.

1er prix, 700 fr. — 2e prix, 600 fr.

Animaux femelles de 1 à 2 ans.

1er prix, 400 fr. — 2e prix, 300 fr. — 3e prix, 200 fr.

Animaux femelles de 2 ans et au-dessus.

1er prix, 400 fr. — 2e prix, 300 fr. — 3e prix, 200 fr.

Huitième catégorie. — Race de Kerry.

Animaux mâles de 1 à 4 ans.

1er prix, 600 fr. — 2e prix, 500 fr.

Animaux femelles de 1 an et au-dessus.

1er prix, 400 fr. — 2e prix, 300 fr. — 3e prix, 200 fr.

Neuvième catégorie. — Race hollandaise.

Animaux mâles de 1 à 4 ans.

1er prix, 800 fr. — 2e prix, 700 fr. — 3e prix, 600 fr. — 4e prix, 500 fr. — 5e prix, 400 fr.

Animaux femelles de deux ans et au-dessus.

1er prix, 600 fr. — 2e prix, 500 fr. — 3e prix, 400 fr. — 4e prix, 300 fr — 5e prix, 200 fr.

Dixième catégorie. — Races des Polders et des terrains bas du Nord, non comprises dans les catégories ci-dessus.

Animaux mâles de 1 à 2 ans.

1er prix, 600 fr. — 2e prix, 500 fr. — 3e prix, 400 fr. — 4e prix, 300 fr.

Animaux mâles de 2 à 4 ans.

1er prix, 600 fr. — 2e prix, 500 fr. — 3e prix, 400 fr. — 4e prix, 300 fr.

Animaux femelles de 1 à 2 ans.

1er prix, 400 fr. — 2e prix, 300 fr. — 3e prix, 200 fr.

Animaux femelles de 2 ans et au-dessus.

1er prix, 500 fr. — 2e prix, 400 fr. — 3e prix, 300 fr.

DEUXIÈME CLASSE.

RACES DU LITTORAL DE LA MER BALTIQUE.

Catégorie unique. — Races danoise, suédoise, norwégienne, etc.

Animaux mâles de 1 à 4 ans.

1er prix, 600 fr. — 2e prix, 500 fr.

Animaux femelles de 2 ans et au-dessus.

1er prix, 400 fr. — 2e prix, 300 fr.

TROISIÈME CLASSE.

RACES DE L'EUROPE CENTRALE.

Première catégorie. — Races bernoise, fribourgeoise, Simmenthal et analogues.

Animaux mâles de 1 à 4 ans.

1er prix, 800 fr. — 2e prix, 700 fr. — 3e prix, 600 fr. — 4e prix, 500 fr.

Animaux femelles de 2 ans et au-dessus.

1er prix, 600 fr. — 2e prix, 500 fr. — 3e prix, 400 fr. — 4e prix, 300 fr.

Deuxième catégorie. — Races Schwitz et analogues.

Animaux mâles de 1 à 4 ans.

1er prix, 800 fr. — 2e prix, 700 fr. — 3e prix, 600 fr. — 4e prix, 500 fr.

Animaux femelles de 1 an et au-dessus.

1er prix, 600 fr. — 2e prix, 500 fr. — 3e prix, 400 fr. — 4e prix, 300 fr. — 5e prix, 200 fr.

Troisième catégorie. — Races diverses non comprises dans les catégories ci-dessus.

(Races et sous-races autrichiennes, hongroises, etc.)

Animaux mâles de 1 à 4 ans.

1er prix, 600 fr. — 2e prix, 500 fr. — 3e prix, 400 fr.

Animaux femelles de 2 ans et au-dessus.

1er prix, 400 fr. — 2e prix, 300 fr. — 3e prix, 200 fr. — 4e prix, 150 fr.

QUATRIÈME CLASSE

RACES DU SUD-OUEST DE L'EUROPE.

Catégorie unique. — Races diverses, piémontaise, romagnole, etc.

Animaux mâles de 1 à 4 ans.

1er prix, 700 fr. — 2e prix, 600 fr. — 3e prix, 500 fr.

Animaux femelles de 1 an et au-dessus.

1er prix, 500 fr. — 2e prix, 400 fr. — 3e prix, 300 fr.

CINQUIÈME CLASSE.

RACES DIVERSES NON COMPRISES DANS LES CATÉGORIES PRÉCÉDENTES.

Animaux mâles de 1 à 4 ans.

1er prix, 600 fr. — 2e prix, 500 fr. — 3e prix, 400 fr. — 4e prix, 300 fr.

Animaux femelles de 1 an et au-dessus.

1er prix, 400 fr. — 2e prix, 300 fr. — 3e prix, 250 fr. — 4e prix, 200 fr.

DEUXIÈME DIVISION.

ANIMAUX MALES ET FEMELLES DE RACES SOIT ÉTRANGÈRES SOIT FRANÇAISES, NÉS ET ÉLEVÉS EN FRANCE.

Première catégorie. — Races normandes.

Animaux mâles de 1 à 2 ans.

1er prix, 1,000 fr. — 2e prix, 800 fr. — 3e prix, 600 fr. — 4e prix, 500 fr.

Animaux mâles de 2 à 3 ans.

1er prix, 1,000 fr. — 2e prix, 800 fr. — 3e prix, 600 fr. — 4e prix, 500 fr.

Animaux femelles de 1 à 2 ans.

1er prix, 400 fr. — 2e prix, 300 fr. — 3e prix, 200 fr. — 4e prix, 150 fr.

Animaux femelles de 2 à 3 ans.

1er prix, 500 fr. — 2e prix, 400 fr. — 3e prix, 300 fr. — 4e prix, 200 fr.

Animaux femelles de plus de 3 ans.

1er prix, 600 fr. — 2e prix, 500 fr. — 3e prix, 400 fr. — 4e prix, 300 fr.

Deuxième catégorie. — Race flamande.

Animaux mâles de 1 à 2 ans.

1er prix, 900 fr. — 2e prix, 800 fr. — 3e prix, 700 fr.

Animaux mâles de 2 à 3 ans.

1er prix, 900 fr. — 2e prix, 800 fr. — 3e prix, 700 fr.

Animaux femelles de 1 à 2 ans.

1er prix, 300 fr. — 2e prix, 200 fr. — 3e prix, 150 fr.

Animaux femelles de 2 à 3 ans.

1er prix, 400 fr. — 2e prix, 300 fr. — 3e prix, 200 fr.

Animaux femelles de plus de 3 ans.

1er prix, 500 fr. — 2e prix, 400 fr. — 3e prix, 300 fr.

Troisième catégorie. — Race charolaise.

Animaux mâles de 1 à 2 ans.

1er prix, 1,000 fr. — 2e prix, 800 fr. — 3e prix, 600 fr. — 4e prix, 500 fr.

Animaux mâles de 2 à 3 ans.

1er prix, 1,000 fr. — 2e prix, 800 fr. — 3e prix, 600 fr. — 4e prix, 500 fr.

Animaux femelles de 1 à 2 ans.

1er prix, 400 fr. — 2e prix, 300 fr. — 3e prix, 200 fr. — 4e prix, 150 fr.

Animaux femelles de 2 à 3 ans.

1er prix, 500 fr. — 2e prix, 400 fr. — 3e prix, 300 fr. — 4e prix, 200 fr.

Animaux femelles de plus de 3 ans.

1er prix, 600 fr. — 2e prix, 500 fr. — 3e prix, 400 fr. — 4e prix, 300 fr.

Quatrième catégorie. — Races gasconne et carolaise.

Animaux mâles de 1 à 2 ans.

1er prix, 700 fr. — 2e prix, 600 fr. — 3e prix, 500 fr.

Animaux mâles de 2 à 3 ans.

1er prix, 700 fr. — 2e prix, 600 fr. — 3e prix, 500 fr.

Animaux femelles de 1 à 2 ans.

1er prix, 300 fr. — 2e prix, 200 fr.

Animaux femelles de 2 à 3 ans.

1er prix, 400 fr. — 2e prix, 300 fr.

Animaux femelles de plus de 3 ans.

1er prix, 500 fr. — 2e prix, 400 fr.

Cinquième catégorie. — Race garonnaise.

Animaux mâles de 1 à 2 ans.

1er prix, 800 fr. — 2e prix, 700 fr. — 3e prix, 600 fr.

Animaux mâles de 2 à 3 ans.

1er prix, 800 fr. — 2e prix, 700 fr. — 3e prix, 600 fr.

Animaux femelles de 1 à 2 ans.

1er prix, 300 fr. — 2e prix, 200 fr.

Animaux femelles de 2 à 3 ans.

1er prix, 400 fr. — 2e prix, 300 fr.

Animaux femelles de plus de 3 ans.

1er prix, 500 fr. — 2e prix, 400 fr. — 3e prix, 300 fr

Sixième catégorie. — Race bazadaise.

Animaux mâles de 1 à 2 ans.

1er prix, 700 fr. — 2e prix, 600 fr.

Animaux mâles de 2 à 3 ans.

1er prix, 700 fr — 2e prix, 600 fr.

Animaux femelles de 1 à 2 ans.

1er prix, 200 fr. — 2e prix, 150 fr.

Animaux femelles de 2 à 3 ans.

1er prix, 300 fr. — 2e prix, 200 fr.

Animaux femelles de plus de 3 ans.

1er prix, 400 fr. — 2e prix, 300 fr. — 3e prix, 200 fr.

Septième catégorie. — Race femeline.

Animaux mâles de 1 à 2 ans.

1er prix, 800 fr. — 2e prix, 700 fr. — 3e prix, 600 fr.

Animaux mâles de 2 à 3 ans.

1er prix, 800 fr. — 2e prix, 700 fr. — 3e prix, 600 fr

Animaux femelles de 1 à 2 ans.

1er prix, 300 fr. — 2e prix, 200 fr. — 3e prix, 150 fr.

Animaux femelles de 2 à 3 ans.

1er prix, 400 fr. — 2e prix, 300 fr. — 3e prix, 200 fr.

Animaux femelles de plus de 3 ans.

1er prix, 500 fr. — 2e prix, 400 fr. — 3e prix, 300 fr.

Huitième catégorie. — Race des Pyrénées.

1° Race de Lourdes.

Animaux mâles de 1 à 2 ans.

1er prix, 700 fr. — 2e prix, 600 fr.

Animaux mâles de 2 à 3 ans.

1er prix, 700 fr. — 2e prix, 600 fr.

Animaux femelles de 1 à 2 ans.

1er prix, 200 fr. — 2e prix, 150 fr.

Animaux femelles de 2 à 3 ans.

1er prix, 300 fr. — 2e prix, 200 fr.

Animaux femelles de plus de 3 ans.

1er prix, 400 fr. — 2e prix, 300 fr. — 3e prix, 200 fr.

2° Races des vallées d'Aure et de Saint-Girons.

Animaux mâles de 1 à 2 ans.

1er prix, 600 fr. — 2e prix, 500 fr.

Animaux mâles de 2 à 3 ans.

1er prix, 600 fr. — 2e prix, 500 fr.

Animaux femelles de 1 à 2 ans.

1er prix, 200 fr. — 2e prix, 150 fr.

Animaux femelles de 2 à 3 ans.

1er prix, 300 fr. — 2e prix, 250 fr.

Animaux femelles de plus de 3 ans.

1er prix, 400 fr. — 2e prix, 300 fr. — 3e prix, 200 fr.

3° Races Béarnaise, Basquaise, Urt et analogues.

Animaux mâles de 1 à 2 ans.

1er prix, 600 fr. — 2e prix, 500 fr.

Animaux mâles de 2 à 3 ans.

1er prix, 600 fr. — 2e prix, 500 fr.

Animaux femelles de 1 à 2 ans.

1er prix, 200 fr. — 2e prix, 150 fr.

Animaux femelles de 2 à 3 ans.

1er prix, 300 fr. — 2e prix, 250 fr.

Animaux femelles de plus de 3 ans.

1er prix, 400 fr. — 2e prix, 300 fr. — 3e prix, 200 fr.

Neuvième catégorie. — Race limousine.

Animaux mâles de 1 à 2 ans.

1er prix, 800 fr. — 2e prix, 700 fr. — 3e prix, 600 fr.

Animaux mâles de 2 à 3 ans.

1er prix, 800 fr. — 2e prix, 700 fr. — 3e prix, 600 fr.

Animaux femelles de 1 à 2 ans.

1er prix, 300 fr. — 2e prix, 200 fr. — 3e prix, 150 fr.

Animaux femelles de 2 à 3 ans.

1er prix, 400 fr. — 2e prix, 300 fr. — 3e prix, 200 fr.

Animaux femelles de plus de 3 ans.

1er prix, 500 fr. — 2e prix, 400 fr. — 3e prix, 300 fr.

Dixième catégorie. — Race de Salers.

Animaux mâles de 1 à 2 ans.

1er prix, 800 fr. — 2e prix, 700 fr. — 3e prix, 600 fr.

Animaux mâles de 2 à 3 ans.

1er prix, 800 fr. — 2e prix, 700 fr. — 3e prix, 600 fr.

Animaux femelles de 1 à 2 ans.

1er prix, 300 fr. — 2e prix, 200 fr. — 3e prix, 150 fr.

Animaux femelles de 2 à 3 ans.

1er prix, 400 fr. — 2e prix, 300 fr. — 3e prix, 200 fr.

Animaux femelles de plus de 3 ans.

1er prix, 500 fr. — 2e prix, 400 fr. — 3e prix, 300 fr.

Onzième catégorie. — Race d'Aubrac.

Animaux mâles de 1 à 2 ans.

1er prix, 800 fr. — 2e prix, 700 fr. — 3e prix, 600 fr.

Animaux mâles de 2 à 3 ans.

1er prix, 800 fr. — 2e prix, 700 fr. — 3e prix, 600 fr.

Animaux femelles de 1 à 2 ans.

1er prix, 300 fr. — 2e prix, 200 fr.

Animaux femelles de 2 à 3 ans.

1er prix, 400 fr. — 2e prix, 300 fr.

Animaux femelles de plus de 3 ans.

1er prix, 500 fr. — 2e prix, 400 fr. — 3e prix, 300 fr.

Douzième catégorie. — Race du Mézenc.

Animaux mâles de 1 à 2 ans.

1er prix, 700 fr. — 2e prix, 600 fr.

Animaux mâles de 2 à 3 ans.

1er prix, 700 fr. — 2e prix, 600 fr.

Animaux femelles de 1 à 2 ans.

1er prix, 200 fr. — 2e prix, 150 fr.

Animaux femelles de 2 à 3 ans.

1er prix, 300 fr. — 2e prix, 200 fr.

Animaux femelles de plus de 3 ans.

1er prix, 400 fr. — 2e prix, 300 fr. — 3e prix, 200 fr.

Treizième catégorie. — Race parthenaise et ses dérivées

(nantaise, vendéenne).

Animaux mâles de 1 à 2 ans.

1er prix, 800 fr. — 2e prix, 700 fr. — 3e prix, 600 fr.

Animaux mâles de 2 à 3 ans.

1er prix, 800 fr. — 2e prix, 700 fr. — 3e prix, 600 fr.

Animaux femelles de 1 à 2 ans.

1er prix, 300 fr. — 2e prix, 200 fr. — 3e prix, 150 fr.

Animaux femelles de 2 à 3 ans.

1er prix, 400 fr. — 2e prix, 300 fr. — 3e prix, 200 fr.

Animaux femelles de plus de 3 ans.

1er prix, 500 fr. — 2e prix, 400 fr. — 3e prix, 300 fr.

Quatorzième catégorie. — Race tarentaise.

Animaux mâles de 1 à 2 ans.

1er prix, 700 fr. — 2e prix, 600 fr.

Animaux mâles de 2 à 3 ans.

1er prix, 700 fr. — 2e prix, 600 fr.

Animaux femelles de 1 à 2 ans.

1er prix, 200 fr. — 2e prix, 150 fr.

Animaux femelles de 2 à 3 ans.

1er prix, 300 fr. — 2e prix, 200 fr.

Animaux femelles de plus de 3 ans.

1er prix, 400 fr. — 2e prix, 300 fr. — 3e prix, 200 fr.

Quinzième catégorie. — Races bretonnes.

Animaux mâles de 1 à 2 ans.

1er prix, 500 fr. — 2e prix, 400 fr. — 3e prix, 300 fr. — 4e prix, 200 fr.

Animaux mâles de 2 à 3 ans.

1er prix, 500 fr. — 2e prix, 400 fr. — 3e prix, 300 fr. — 4e prix, 200 fr.

Animaux femelles de 1 à 2 ans.

1er prix, 200 fr. — 2e prix, 150 fr. — 3e prix, 125 fr. — 4e prix, 100 fr.

Animaux femelles de 2 à 3 ans.

1er prix, 250 fr. — 2e prix, 200 fr. — 3e prix, 175 fr. — 4e prix, 150 fr.

Animaux femelles de plus de 3 ans.

1er prix, 300 fr. — 2e prix, 250 fr. — 3e prix, 200 fr. — 4e prix, 175 fr. — 5e prix, 150 fr. — 6e prix, 100 fr.

Seizième catégorie. — Races françaises non comprises dans les catégories ci-dessus et races algériennes.

Animaux mâles de 1 à 2 ans.

1 prix, 500 fr. — 2e prix, 400 fr.

Animaux mâles de 2 à 3 ans.

1er prix, 500 fr. — 2e prix, 400 fr.

Animaux femelles de 1 à 2 ans.

1er prix, 200 fr. — 2e prix, 150 fr. — 3e prix, 100 fr.

Animaux femelles de 2 à 3 ans.

1er prix, 250 fr. — 2e prix, 200 fr. — 3e prix, 150 fr.

Animaux femelles de plus de 3 ans.

1er prix, 300 fr. — 2e prix, 200 fr. — 3e prix, 150 fr.— 4e prix, 100 fr.

Dix-septième catégorie. — Race durham.

(Ne seront admis dans cette catégorie que les animaux inscrits ou déclarés pour être inscrits au Herd-book).

Animaux mâles de 1 à 2 ans.

1er prix, 1,000 fr. — 2e prix, 900 fr. — 3e prix, 800 fr. — 4e prix, 700 fr. — 5e prix, 600 fr.

Animaux mâles de 2 à 4 ans.

1er prix, 1,000 fr.— 2e prix, 900 fr.— 3e prix, 800 fr.— 4e prix, 700 fr. — 5e prix, 600 fr.

Animaux femelles de 1 à 2 ans.

1er prix, 400 fr. — 2e prix, 300 fr. — 3e prix, 250 fr. — 4e prix, 200 fr. — 5e prix, 150 fr.

Animaux femelles de 2 à 3 ans.

1er prix, 500 fr. — 2e prix, 400 fr. — 3e prix, 300 fr. — 4e prix, 250 fr. — 5e prix, 200 fr.

Animaux femelles de plus de 3 ans.

1er prix, 600 fr. — 2e prix, 500 fr. — 3e prix, 400 fr. — 4e prix, 300 fr. — 5e prix, 200 fr. — 6e prix, 150 fr.

Dix-huitième catégorie. — Race d'Ayr.

Animaux mâles de 1 à 2 ans.

1er prix, 600 fr. — 2e prix, et 500 fr.

Animaux mâles de 2 à 3 ans.

1er prix, 600 fr. — 2e prix, 500 fr.

Animaux femelles de 1 à 2 ans.

1er prix, 200 fr. — 2e prix, 150 fr.

Animaux femelles de 2 à 3 ans.

1er prix, 250 fr. — 2e prix, 200 fr.

Animaux femelles de plus de 3 ans.

1er prix, 300 fr. — 2e prix, 200 fr. — 3e prix, 150 fr.

Dix-neuvième catégorie. — Races hollandaises.

Animaux mâles de 1 à 2 ans.

1er prix, 800 fr. — 2e prix, 700 fr. — 3e prix, 600 fr.

Animaux mâles de 2 à 3 ans.

1er prix, 800 fr. — 2e prix, 700 fr. — 3e prix, 600 fr.

Animaux femelles de 1 à 2 ans.

1er prix, 300 fr. — 2e prix, 200 fr. — 3e prix, 150 fr.

Animaux femelles de 2 à 3 ans.

1er prix, 400 fr. — 2e prix, 300 fr. — 3e prix, 200 fr.

Animaux femelles de plus de 3 ans.

1er prix, 500 fr. — 2e prix, 400 fr. — 3e prix, 300 fr.

Vingtième catégorie. — Races suisses.

Animaux mâles de 1 à 2 ans.

1er prix, 800 fr. — 2e prix, 700 fr. — 3e prix, 600 fr.

Animaux mâles de 2 à 3 ans.

1er prix, 800 fr. — 2e prix, 700 fr. — 3e prix, 600 fr.

Animaux femelles de 1 à 2 ans.

1er prix, 300 fr. — 2e prix, 200 fr. — 3e prix, 150 fr.

Animaux femelles de 2 à 3 ans.

1er prix, 400 fr. — 2e prix, 300 fr. — 3e prix, 200 fr.

Animaux femelles de plus de 3 ans.

1er prix, 500 fr. — 2e prix, 400 fr. — 3e prix, 300 fr.

Vingt-et-unième catégorie. — Races étrangères diverses.

Animaux mâles de 1 à 2 ans.

1er prix, 500 fr. — 2e prix, 400 fr.

Animaux mâles de 2 à 3 ans.

1er prix, 500 fr. — 2e prix, 400 fr.

Animaux femelles de 1 à 2 ans.

1er prix, 200 fr. — 2e prix, 150 fr.

Animaux femelles de 2 à 3 ans.

1er prix, 300 fr. — 2e prix, 200 fr.

Animaux femelles de plus de 3 ans.

1er prix, 400 fr. — 2e prix, 300 fr.

Vingt-deuxième catégorie. — Croisements Durham.

(Ne pourront être admis dans cette catégorie que les animaux ayant pour pères des taureaux durham ou des taureaux croisés durham.)

Animaux mâles de 1 à 2 ans.

1er prix, 800 fr. — 2e prix, 600 fr. — 3e prix, 500 fr. — 4e prix, 400 fr. — 5e prix, 300 fr.

Animaux mâles de 2 à 3 ans.

1er prix, 800 fr. — 2e prix, 600 fr. — 3e prix, 500 fr. — 4e prix, 400 fr. — 5e prix, 300 fr.

Animaux femelles de 1 à 2 ans.

1er prix, 300 fr. — 2e prix, 250 fr. — 3e prix, 200 fr. — 4e prix, 150 fr. — 5e prix, 100 fr.

Animaux femelles de 2 à 3 ans.

1er prix, 400 fr. — 2e prix, 300 fr. — 3e prix, 250 fr. — 4e prix, 150 fr. — 5e prix, 100 fr.

Animaux femelles de plus de 3 ans.

1er prix, 500 fr. — 2e prix, 400 fr. — 3e prix, 300 fr. — 4e prix, 200 fr. — 5e prix, 150 fr.

Vingt-troisième catégorie. — Croisements-divers.

Animaux mâles de 1 à 2 ans.

1er prix, 500 fr. — 2e prix, 400 fr. — 3e prix, 300 fr.

Animaux mâles de 2 à 3 ans.

1er prix, 500 fr. — 2e prix, 400 fr. — 3e prix, 300 fr.

Animaux femelles de 1 à 2 ans.

1er prix, 200 fr. — 2e prix, 150 fr. — 3e prix, 100 fr.

Animaux femelles de 2 à 3 ans.

1er prix, 300 fr. — 2e prix, 250 fr. — 3e prix, 200 fr.

Animaux femelles de plus de 3 ans.

1er prix, 400 fr. — 2e prix, 300 fr. — 3e prix, 250 fr.

Prix d'ensemble. — Un objet d'art d'une valeur approximative de 2,500 fr. sera décerné, s'il y a lieu, au meilleur ensemble d'animaux dans chacune des divisions de l'espèce bovine.

Le lot devra être composé d'au moins un mâle et quatre femelles de même race, nés et élevés chez l'exposant.

Les lots d'ensemble pourront être présentés isolément, ou se composer d'animaux exposés dans les diverses sections auxquelles ils appartiendront.

ESPÈCE OVINE[1].

(Les animaux devront être nés avant le 1er mai 1877 et la déclaration mentionnée à l'art. 12 devra indiquer l'âge au 1er mai 1878.)

PREMIÈRE DIVISION.

ANIMAUX MALES ET FEMELLES DE RACES ÉTRANGÈRES, NÉS ET ÉLEVÉS A L'ÉTRANGER, AMENÉS OU IMPORTÉS EN FRANCE ET APPARTENANT SOIT A DES ÉTRANGERS, SOIT A DES FRANÇAIS.

Première catégorie. — Race mérinos.

Animaux mâles de 18 mois au plus.

1er prix, 500 fr. — 2e prix, 400 fr. — 3e prix, 300 fr. — 4e prix, 200 fr.

Animaux femelles de 18 mois au plus (lots de 3 brebis).

1er prix, 400 fr. — 2e prix, 350 fr. — 3e prix, 300 fr. — 4 prix, 250 fr.

Animaux mâles de plus de 18 mois.

1er prix, 500 fr. — 2e prix, 350 fr. — 3e prix, 300 fr. — 4e prix, 200 fr.

Animaux femelles de plus de 18 mois (lots de 3 brebis).

1er prix, 400 fr. — 2e prix, 350 fr. — 3e prix, 300 fr. — 4e prix, 250 fr.

Deuxième catégorie. — Race Southdown.

Animaux mâles de 18 mois au plus.

1er prix, 500 fr. — 2e prix, 400 fr. — 3e prix, 300 fr. — 4e prix, 200 fr.

Animaux femelles de 18 mois au plus (lots de 3 brebis).

1er prix, 400 fr. — 2e prix, 350 fr. — 3e prix, 300 fr. — 4e prix, 250 fr.

---

1. Les premiers prix seront accompagnés d'une médaille d'or; les seconds d'une médaille d'argent et les autres d'une médaille de bronze.

Animaux mâles de plus de 18 mois.

1er prix, 500 fr. — 2e prix, 400 fr. — 3e prix, 300 fr. — 4e prix, 200 fr.

Animaux femelles de plus de 18 mois (lots de 3 brebis.)

1er prix, 400 fr. — 2e prix, 350 fr. — 3e prix, 300 fr. — 4e prix, 250 fr.

Troisième catégorie. — Races Shropshire, Oxfordshire-down, Hampshire-down et analogues.

Animaux mâles de 18 mois au plus.

1er prix, 500 fr. — 2e prix, 400 fr.

Animaux femelles de 18 mois au plus (lots de 3 brebis).

1er prix, 400 fr. — 2e prix, 350 fr.

Animaux mâles de plus de 18 mois.

1er prix, 500 fr. — 2e prix, 400 fr.

Animaux femelles de plus de 18 mois (lots de 3 brebis).

1er prix. 400 fr. — 2e prix, 350 fr.

Quatrième catégorie. — Races Leicester, Romney, Lincoln et analogues.

Animaux mâles de 18 mois au plus.

1er prix, 500 fr. — 2e prix, 400 fr. — 3e prix, 300 fr. — 4e prix, 200 fr.

Animaux femelles de 18 mois au plus (lots de 3 brebis).

1er prix, 400 fr. — 2e prix, 350 fr. — 3e prix, 300 fr. — 4e prix, 250 fr.

Animaux mâles de plus de 18 mois.

1er prix, 500 fr. — 2e prix, 400 fr. — 3e prix, 300 fr. — 4e prix, 200 fr.

Animaux femelles de plus de 18 mois (lots de 3 brebis).

1er prix, 400 fr. — 2e prix, 350 fr. — 3e prix, 300 fr. — 4e prix, 250 fr.

Cinquième catégorie. — Races Cotswold et analogues.

Animaux mâles de 18 mois au plus.

1er prix, 500 fr. — 2e prix, 400 fr. — 3e prix, 300 fr.

Animaux femelles de 18 mois au plus (lots de 3 brebis).

1er prix, 400 fr. — 2e prix, 350 fr. — 3e prix, 300 fr.

Animaux mâles de plus de 18 mois.

1er prix, 500 fr. — 2e prix, 400 fr. — 3e prix, 300 fr.

Animaux femelles de plus de 18 mois (lots de 3 brebis).

1er prix, 400 fr. — 2e prix, 350 fr. — 3e prix, 300 fr.

Sixième catégorie. — Race Cheviot.

Animaux mâles de 18 mois au plus.

1er prix, 400 fr. — 2e prix, 300 fr.

Animaux femelles de 18 mois au plus (lots de 3 brebis).

1er prix, 300 fr. — 2e prix, et 200 fr.

Animaux mâles de plus de 18 mois.

1er prix, 400 fr. — 2e prix, 300 fr.

Animaux femelles de plus de 18 mois (lots de 3 brebis).

1er prix, 300 fr. — 2e prix, 200 fr.

Septième catégorie. — Race Blackfaced.

Mâles.

1er prix, 400 fr. — 2e prix, 300 fr.

Femelles (lots de 3 brebis).

1er prix, 300 fr. — 2e prix, 200 fr.

Huitième catégorie. — Race des plaines basses et des polders (Texel, Frise, Marsh, Holstein, Schleswig, etc.).

Mâles.

1er prix, 400 fr. — 2e prix, 350 fr. — 3e prix, 300 fr. — 4e prix, 250 fr.

Femelles (lots de 3 brebis).

1er prix, 300 fr. — 2e prix, 250 fr. — 3e prix, 200 fr. — 4e prix, 150 fr.

Neuvième catégorie. — Races des pays de landes ou de bruyères.

Mâles.

1er prix, 300 fr. — 2e prix, 250 fr. — 3e prix, 200 fr.

Femelles (lots de 3 brebis).

1er prix, 250 fr. — 2e prix, 200 fr. — 3e prix, 150 fr.

Dixième catégorie. — Races des pays de montagnes et de coteaux non comprises dans les catégories ci-dessus.

Mâles.

1er prix, 300 fr. — 2e prix, 250 fr. — 3e prix, 200 fr.

Femelles (lots de 3 brebis).

1er prix, 250 fr. — 2e prix, 200 fr. - 3e prix, 150 fr.

DEUXIÈME DIVISION

ANIMAUX MALES ET FEMELLES DE RACES SOIT ÉTRANGÈRES, SOIT FRANÇAISES, NÉS ET ÉLEVÉS EN FRANCE.

Première catégorie. — Races mérinos et métis-mérinos.

Animaux mâles de 18 mois au plus.

1er prix, 500 fr. — 2e prix, 400 fr. — 3e prix, 350 fr. — 4e prix, 300 fr. — 5e prix, 250 fr. — 6e prix, 200 fr. — 7e prix, 150 fr. — 8e prix, 100 fr.

Animaux femelles de 18 mois au plus (lots de 3 brebis).

1er prix, 500 fr. — 2e prix, 400 fr. — 3e prix, 350 fr. — 4e prix, 300 fr. — 5e prix, 250 fr. — 6e prix, 200 fr. — 7e prix, 150 fr. — 8e prix, 100 fr.

Animaux mâles de plus de 18 mois.

1er prix, 500 fr. — 2e prix, 400 fr. — 3e prix, 350 fr. — 4e prix, 300 fr. — 5e prix, 250 fr. — 6e prix, 200 fr. — 7e prix, 150 fr. — 8e prix, 100 fr.

Animaux femelles de plus de 18 mois (lots de 3 brebis.)

1er prix, 500 fr. — 2e prix, 400 fr. — 3e prix, 350 fr. — 4e prix, 300 fr. — 5e prix, 250 fr. — 6e prix, 200 fr. — 7e prix, 150 fr. — 8e prix, 100 fr.

Deuxième catégorie. — Races françaises à laine longue (artésienne, normande, picarde, etc.).

Mâles.

1er prix, 400 fr. — 2e prix, 300 fr. — 3e prix, 200 fr. — 100 fr.

Femelles (lots de 3 brebis).

1er prix, 400 fr. — 2e prix, 300 fr. — 3e prix, 200 fr. — 4e prix, 100 fr.

Troisième catégorie. — Races françaises des pays de plaines à laine commune (berrichon, solognot, etc.).

Mâles.

1er prix, 300 fr. — 2e prix, 250 fr. — 3e prix, 200 fr. — 4e prix, 150 fr. — 5e prix, 100 fr.

Femelles (lots de 3 brebis).

1er prix, 300 fr. — 2e prix, 250 fr. — 3e prix, 200 fr. — 4e prix, 150 fr. — 5e prix, 100 fr.

Quatrième catégorie. — Races françaises des pays de montagnes (Larzac, Lauragnais, Causse, etc.).

Mâles.

1er prix, 300 fr. — 2e prix, 250 fr. — 3e prix, 200 fr. — 4e prix, 150 fr. — 5e prix, 100 fr.

Femelles (lots de 3 brebis).

1er prix, 300 fr. — 2e prix, 250 fr. — 3e prix, 200 fr. — 4e prix, 150 fr. — 5e prix, 100 fr.

Cinquième catégorie. — Race de la Charmoise.

Mâles.

1er prix, 400 fr. — 2e prix, 300 fr. — 3e prix, 200 fr.

Femelles (lots de 3 brebis).

1er prix, 400 fr. — 2e prix, 300 fr. — 3e prix, 200 fr.

Sixième catégorie. — Races étrangères à laine longue (dishley et analogues).

Mâles.

1er prix, 500 fr. — 2e prix, 400 fr. — 3e prix, 300 fr.

Femelles (lots de 3 brebis.)

1er prix, 400 fr. — 2e prix, 300 fr. — 3e prix, 200 fr.

Septième catégorie. — Races étrangères à laine courte (southdown et analogues).

Animaux mâles de 18 mois au plus.

1er prix, 500 fr. — 2e prix, 400 fr. — 3e prix, 300 fr.

Animaux femelles de 18 mois au plus (lots de 3 brebis).

1er prix, 400 fr. — 2e prix, 300 fr. — 3e prix, 200 fr.

Animaux mâles de plus de 18 mois.

1er prix, 500 fr. — 2e prix, 400 fr. — 3e prix, 300 fr.

Animaux femelles de plus de 18 mois (lots de 3 brebis).

1er prix, 400 fr. — 2e prix, 300 fr. — 3e prix, 200 fr.

Huitième catégorie. — Croisements divers.

Mâles.

1er prix, 300 fr. — 2e prix, 200 fr. — 3e prix, 150 fr. — 4e prix, 100 fr.

Femelles (lots de 3 brebis).

1er prix, 300 fr. — 2e prix, 200 fr. — 3e prix, 150 fr. — 4e prix, 100 fr.

Prix d'ensemble. — Un objet d'art d'une valeur approximative de 1,500 fr. sera décerné, s'il y a lieu, au meilleur ensemble d'animaux dans chacune des divisions de l'espèce ovine.

Ce lot devra être composé de deux mâles (un antenais et un adulte) et de deux lots de femelles (antenaises et adultes), de même race, nés et élevés chez l'exposant.

Les lots d'ensemble pourront être présentés isolément, ou se composer d'animaux exposés dans les diverses sections auxquelles ils appartiendront.

Tous les animaux, à l'exception des races mérinos et métis-mérinos, devront être tondus depuis huit jours au plus. Tout animal qui ne sera pas présenté dans cette condition pourra être exclu des concours par le jury

---

ESPÈCE PORCINE[1].

(Les animaux devront être nés avant le 1er novembre 1877 et la déclaration mentionnée à l'art. 12 devra indiquer l'âge au 1er mai 1878.)

PREMIÈRE DIVISION.

ANIMAUX MALES ET FEMELLES DE RACES ÉTRANGÈRES NÉS ET ÉLEVÉS A L'ÉTRANGER, AMENÉS OU IMPORTÉS EN FRANCE ET APPARTENANT SOIT A DES ÉTRANGERS SOIT A DES FRANÇAIS.

Première catégorie. — Grandes races de la Grande-Bretagne et d'Irlande.

Mâles.

1er prix, 400 fr. — 2e prix, 350 fr. — 3e prix, 300 fr. — 4e prix, 250 fr.

Femelles.

1er prix, 300 fr. — 2e prix, 250 fr. — 3e prix, 200 fr. — 4e prix, 150 fr.

---

1. Les premiers prix seront accompagnés d'une médaille d'or; les seconds d'une médaille d'argent et les autres d'une médaille de bronze.

Deuxième catégorie. — Petites races de la Grande-Bretagne et d'Irlande.

Mâles.

1er prix, 300 fr. — 2e prix, 200 fr. — 3e prix, 150 fr.

Femelles.

1er prix, 200 fr. — 2e prix, 150 fr. — 3e prix, 125 fr.

Troisième catégorie. — Races diverses non classées ci-dessus.

Mâles.

1er prix, 300 fr. — 2e prix, 200 fr. — 3e prix, 150 fr.

Femelles.

1er prix, 200 fr. — 2e prix, 150 fr. — 3e prix, 100 fr.

DEUXIÈME DIVISION.

ANIMAUX MALES ET FEMELLES DE RACES SOIT ÉTRANGÈRES, SOIT FRANÇAISES, NÉS ET ÉLEVÉS EN FRANCE.

Première catégorie. — Races indigènes pures ou croisées entre elles.

Mâles.

1er prix, 400 fr. — 2e prix, 300 fr. — 3e prix, 200 fr. — 4e prix, 100 fr.

Femelles.

1er prix, 300 fr. — 2e prix, 250 fr. — 3e prix, 200 fr. — 4e prix, 100 fr.

Deuxième catégorie. — Races étrangères pures ou croisées entre elles.

Mâles.

1er prix, 400 fr. — 2e prix, 350 fr. — 3e prix, 300 fr. — 4e prix, 250 fr. — 5e prix, 200 fr. — 6e prix, 150 fr. — 7e prix, 125 fr. — 8e prix, 100 fr.

Femelles.

1er prix, 300 fr. — 2e prix, 250 fr. — 3e prix, 225 fr. — 4e prix, 200 fr. — 5e prix, 175 fr. — 6e prix, 150 fr. — 7e prix, 125 fr. — 8e prix, 100 fr.

Troisième catégorie. — Croisements divers entre races étrangères et races françaises.

Mâles.

1er prix, 400 fr. — 2e prix, 300 fr. — 3e prix, 250 fr. — 4e prix. 200 fr. — 5e prix, 150 fr. — 6e prix, 100 fr.

Femelles.

1er prix, 300 fr. — 2e prix, 250 fr. — 3e prix, 200 fr. — 4e prix, 150 fr. — 5e prix, 125 fr. — 6e prix, 100 fr.

Prix d'ensemble. — Un objet d'art d'une valeur approximative de 1,000 fr. sera décerné, s'il y a lieu, au meilleur ensemble d'animaux dans chacune des divisions de l'espèce porcine.

Le lot devra être composé d'un mâle et de trois femelles de même race nés et élevés chez l'exposant.

Les lots d'ensemble pourront être présentés isolément ou se composer d'animaux exposés dans les diverses sections auxquelles ils appartiendront.

Une somme de 10,000 fr. est mise à la disposition du jury pour être appliquée, au besoin, en prix supplémentaires, aux espèces bovine, ovine et porcine.

Dans le cas où, par suite du dépouillement des déclarations, il serait constaté qu'une race non prévue au programme peut être représentée par un certain nombre de sujets, une catégorie spéciale avec prix et médailles pourra être ouverte à ladite race.

ANIMAUX DE BASSE-COUR [1]

ÉTRANGERS ET FRANÇAIS.

Les mâles concourront isolément, et les lots de femelles devront être composés au moins de 3 bêtes, sauf pour les 21e et 22e catégories, qui ne comprendront que deux femelles.)

Première catégorie. — Race de Crèvecœur.

Coqs.

1er prix, 30 fr. — 2e prix, 25 fr. — 3e prix, 20 fr. — 4e prix, 15 fr. — 5e prix, 10 fr.

Poules.

1er prix, 45 fr. — 2e prix, 40 fr. — 3e prix, 35 fr. — 4e prix, 30 fr. — 5e prix, 25 fr.

1. Les premiers prix seront accompagnés d'une médaille d'argent, et les autres d'une médaille de bronze.

Deuxième catégorie. — Race de Houdan.

Coqs.

1er prix, 30 fr. — 2e prix, 25 fr. — 3e prix, 20 fr.

Poules.

1er prix, 45 fr. — 2e prix, 40 fr. — 3e prix, 35 fr.

Troisième catégorie. — Race de la Flèche.

Coqs.

1er prix, 30 fr. — 2e prix, 25 fr. — 3e prix, 20 fr.

Poules.

1er prix, 45 fr. — 2e prix, 40 fr. — 3e prix, 35 fr.

Quatrième catégorie. — Race du Mans.

Coqs.

1er prix, 30 fr. — 2e prix, 25 fr. — 3e prix, 20 fr.

Poules.

1er prix, 45 fr. — 2e prix, 40 fr. — 3e prix, 35 fr.

Cinquième catégorie. — Races de la Bresse.

Coqs.

1er prix, 30 fr. — 2e prix, 25 fr.

Poules.

1er prix, 45 fr. — 2e prix, 40 fr.

Sixième catégorie. — Races françaises autres que celles dénommées ci-dessus.

Coqs.

1er prix, 20 fr. — 2e prix, 18 fr. — 3e prix, 15 fr. — 4e prix, 10 fr.

Poules.

1er prix, 30 fr. — 2e prix, 25 fr. — 3e prix, 20 fr. — 4e prix, 15 fr.

Septième catégorie. — Race cochinchinoise, jaune ou chamois.

Coqs.

1er prix, 30 fr. — 2e prix, 20 fr. — 3e prix, 15 fr. — 4e prix, 10 fr.

Poules.

1er prix, 45 fr. — 2e prix, 40 fr. — 3e prix, 35 fr. — 4e prix, 30 fr.

Huitième catégorie. — Race cochinchinoise blanche.

Coqs.

1er prix, 30 fr. — 2e prix, 20 fr. — 3e prix, 15 fr.

Poules.

1er prix, 45 fr. — 2e prix, 40 fr. — 3e prix, 35 fr.

Neuvième catégorie. — Race cochinchinoise noire.

Coqs.

1er prix, 30 fr. — 2e prix, 20 fr. — 3e prix, 15 fr.

Poules.

1er prix, 45 fr. — 2e prix, 40 fr. — 3e prix, 35 fr.

Dixième catégorie. — Races cochinchinoises non classées ci-dessus.

Coqs.

1er prix, 30 fr. — 2e prix, 25 fr. — 3e prix, 15 fr.

Poules.

1er prix, 45 fr. — 2e prix, 40 fr. — 3e prix, 35 fr.

Onzième catégorie. — Race brahma-poutra.

Coqs.

1er prix, 30 fr. — 2e prix, 25 fr. — 3e prix, 15 fr.

Poules.

1er prix, 45 fr. — 2e prix, 40 fr. — 3e prix, 35 fr.

Douzième catégorie. — Race dorking.

Coqs.

1er prix, 30 fr. — 2e prix, 25 fr. — 3e prix, 20 fr.

Poules.

1er prix, 45 fr. — 2e prix, 40 fr. — 3e prix, 35 fr.

Treizième catégorie. — Race espagnole.

Coqs.

1er prix, 30 fr. — 2e prix, 25 fr. — 3e prix, 20 fr.

Poules.

1er prix, 45 fr. — 2e prix, 40 fr. — 3e prix, 35 fr.

Quatorzième catégorie. — Race de Bréda.

Coqs.

1er prix, 30 fr. — 2e prix, 25 fr. — 3e prix, 20 fr.

Poules.

1er prix, 45 fr. — 2e prix, 40 fr. — 3e prix, 35 fr.

Quinzième catégorie. — Race de Hambourg.

Coqs.

1er prix, 30 fr. — 2e prix, 25 fr.

Poules.

1er prix, 45 fr. — 2e prix, 40 fr.

Seizième catégorie. — Race de combat.

Coqs.

1er prix, 30 fr. — 2e prix, 25 fr. — 3e prix, 15 fr.

Poules.

1er prix, 45 fr. — 2e prix, 40 fr. — 3e prix, 35 fr.

Dix-septième catégorie. — Races russe, malaise et analogues.

Coqs.

1er prix, 30 fr. — 2e prix, 25 fr. — 3e prix, 15 fr.

Poules.

1er prix, 45 fr. — 2e prix, 40 fr. — 3e prix, 35 fr.

Dix-huitième catégorie. — Race hollandaise à huppe blanche.

Coqs.

1er prix, 30 fr. — 2e prix, 25 fr. — 3e prix, 15 fr.

Poules.

1er prix, 45 fr. — 2e prix, 40 fr. — 3e prix, 35 fr.

Dix-neuvième catégorie. — Race de Padoue et analogues.

Coqs.

1er prix, 30 fr. — 2e prix, 25 fr. — 3e prix, 20 fr. — 4e prix, 15 fr. — 5e prix, 10 fr.

Poules.

1er prix, 45 fr. — 2e prix, 40 fr. — 3e prix, 35 fr. — 4e prix, 30 fr. — 5e prix, 20 fr.

Vingtième catégorie. — Races étrangères diverses, autres que celles désignées ci-dessus.

Coqs.

1er prix, 30 fr. — 2e prix, 20 fr. — 3e prix, 15 fr.

Poules.

1er prix, 40 fr. — 2e prix, 30 fr. — 3e prix, 20 fr.

Vingt et unième catégorie. — Dindons.

Mâles.

1er prix, 35 fr. — 2e prix, 25 fr. — 3e prix, 20 fr.

Femelles.

1er prix, 45 fr. — 2e prix, 40 fr. — 3e prix, 35 fr. — 4e prix, 30 fr.

Vingt-deuxième catégorie. — Oies.

Mâles.

1er prix, 30 fr. — 2e prix, 25 fr. — 3e prix, 20 fr.

Femelles.

1er prix, 45 fr. — 2e prix, 40 fr. — 3e prix, 35 fr. — 4e prix, 30 fr.

Vingt-troisième catégorie. — Canards.

Mâles.

1er prix, 30 fr. — 2e prix, 25 fr. — 3e prix, 20 fr.

Femelles.

1er prix, 30 fr. — 2e prix, 25 fr. — 3e prix, 20 fr. — 4e prix, 15 fr.

Vingt-quatrième catégorie. — Pintades.

(1 mâle et 2 femelles.)

1er prix, 20 fr. — 2e prix, 15 fr. — 3e prix, 10 fr.

Vingt-cinquième catégorie. — Pigeons (présentés par couple).

Grosses races comestibles.

1er prix, 25 fr. — 2e prix, 20 fr.

Moyennes races comestibles et d'agrément.

1er prix, 25 fr. — 2e prix, 20 fr.

Petites races dites de volière.

1er prix, 25 fr. — 2e prix, 20 fr.

Races voyageuses.

1er prix, 30 fr. — 2e prix, 25 fr. — 3e prix, 20 fr. — 4e prix, 15 fr.

Vingt-sixième catégorie. — *Lapins* (mâles et femelles adultes concourant isolément).

Lapins béliers.

1er prix, 25 fr. — 2e prix, 20 fr. — 3e prix, 15 fr.

Lapins communs.

1er prix, 25 fr. — 2e prix, 20 fr. — 3e prix, 15 fr.

Lapins russes.

1er prix, 25 fr. — 2e prix, 20 fr. — 3e prix, 15 fr.

Lapins à fourrure ou argentés.

1er prix, 25 fr. — 2e prix, 20 fr. — 3e prix, 15 fr.

Lapins angora ou de peigne.

1er prix, 25 fr. — 2e prix, 20 fr. — 3e prix, 15 fr.

Prix d'ensemble. — Un objet d'art d'une valeur approximative de 500 fr. pourra être décerné au plus bel ensemble de lots de basse-cour, sans distinction de races, appartenant au même propriétaire.

Art. 3. — Un exposant ne pourra recevoir qu'un seul prix dans chaque section de chacune des catégories; il pourra présenter toutefois autant d'animaux qu'il voudra dans chacune des sections.

Art. 4. — Des mentions honorables pourront être accordées lorsque le jury, après avoir épuisé les récompenses prévues par l'arrêté, trouvera utile de signaler des reproducteurs à l'attention des éleveurs.

ART. 5. — Les animaux qui auraient été primés dans les concours régionaux pourront disputer, sans exception, tous les prix prévus au présent programme.

ART. 6. — Les animaux primés mâles et femelles nés et élevés en France devront être conservés pour la reproduction pendant les six mois qui suivront le concours ; il sera justifié de cette disposition par l'envoi, au ministère, d'une déclaration spéciale.

En cas d'inexécution de cette prescription, la récompense attribuée à l'animal objet de la contravention sera retirée, et l'exposant pourra, en outre, être exclu des concours de l'Etat pendant un temps déterminé.

Dans le cas où, par suite d'accidents ou de maladies, la clause ci-dessus ne pourrait être exécutée, une demande accompagnée d'un certificat de vétérinaire devra être adressée au ministère pour obtenir l'autorisation de donner à l'animal primé une autre destination.

Pour rendre possible l'exécution de ces prescriptions, les animaux primés seront marqués.

ART. 7. — Une somme de 4,000 fr., des médailles d'argent et de bronze seront distribuées aux gens à gages signalés au jury par les lauréats pour les soins intelligents donnés aux animaux primés.

A mérite égal, le jury prendra en considération la durée des services.

Chaque prix ne pourra dépasser 100 fr. ni être inférieur à 50 fr.

DISPOSITIONS GÉNÉRALES

ART. 8. — Trois jurys spéciaux, le premier pour l'espèce bovine, le second pour l'espèce ovine, et le troisième pour les espèces porcine et autres, seront chargés de l'attribution des récompenses.

Chaque jury se composera d'agriculteurs et éleveurs étrangers et français et pourra être divisé en sections.

ART. 9. — Le jury dans ses décisions se conformera strictement aux règles édictées dans le présent règlement ; il pourra opérer des virements de prix dans chaque catégorie suivant le nombre et la qualité des animaux exposés.

Il ne devra pas établir de prix *ex æquo*.

Dans le cas où les prix résultant de virements ne seraient pas suffisants pour récompenser tous les mérites reconnus, le jury pourra faire usage de la somme de 10,000 fr. prévue au règlement.

Les jugements seront prononcés à la majorité des voix. S'il y a partage, la voix du président sera prépondérante.

Les décisions seront constatées dans un procès-verbal signé des membres du jury.

Aucun membre du jury ni commissaire ne pourra prendre part au concours en qualité d'exposant.

Art. 10. — Les frais de conduite et de transport seront supportés par les exposants, d'après le tarif réduit consenti par les compagnies de chemins de fer, à la condition de justifier de l'admission au concours en représentant le certificat délivré par l'administration.

Les animaux étrangers envoyés à l'exposition de Paris seront transportés aux frais de l'État à partir de la frontière.

Art. 11. — Il sera pourvu aux frais de l'État à la réception et au placement des animaux.

L'administration prend à sa charge la nourriture et les frais de garde des animaux.

Art. 12. — Pour être admis à exposer, on doit adresser au ministre de l'agriculture et du commerce, au plus tard le 1er janvier 1878, une déclaration écrite conformément aux différents modèles annexés au présent règlement.

Les exposants sont responsables de leurs déclarations, et si, par leur fait, les animaux sont mal classés et reconnus tels par le jury, ils devront être mis hors concours.

Art. 13. — Toute déclaration qui ne sera pas parvenue au ministère le 1er janvier 1878, et qui ne contiendra pas, en caractères lisibles, les renseignements indiqués ci-dessus, sera considérée comme nulle et non avenue.

Art. 14. — Les exposants qui, après cette déclaration, se trouveraient dans l'impossibilité d'envoyer au concours les animaux annoncés, seront tenus d'en donner avis au ministère, le 1er mai au plus tard. A défaut de cette formalité, ils pourront, sur la proposition du jury, être exclus temporairement du concours.

Art. 15. — Le montant des prix décernés aux exposants français sera ordonnancé dans leurs départements respectifs.

Les exposants étrangers et les exposants d'animaux de basse-cour recevront immédiatement le montant de leurs primes.

Art. 16. — Les différentes opérations de l'exposition des animaux vivants sont réglées ainsi qu'il suit :

Le mercredi 5 juin. — Réception des animaux. Toutefois, des dispositions seront prises pour que les animaux présentés à partir du lundi 3 juin puissent être admis.

Le jeudi 6 juin. — Classement.

Les vendredi et samedi 7 et 8 juin. — Opérations des jurys. Prix d'entrée : 5 fr. par personne, à partir de midi.

Du dimanche 9 au samedi 15 juin. — Exposition publique de neuf heures du matin à cinq heures du soir. Prix d'entrée : 1 fr.

Le dimacnhe 16 juin. — Exposition publique de neuf heures du matin à cinq heures du soir. Prix d'entrée : 0 fr. 50 centimes.

Le lundi 17 juin. — Exposition et vente des animaux à l'amiable et aux enchères. Prix d'entrée : 0 fr. 50 centimes par personne.

Fermeture des concours à cinq heures du soir.

Le mardi 18 juin. — Les propriétaires ou acquéreurs devront faire retirer leurs animaux à partir de quatre heures du matin.

Cette opération devra être terminée à midi.

Art. 17. — Toute contestation relative à l'exécution des dispositions du présent règlement sera immédiatement et souverainement jugée par le jury.

Paris, le 12 mai 1877.

Le Sénateur, Commissaire général,

KRANTZ.

Vu et approuvé :

Le Ministre de l'agriculture et du commerce,

TEISSERENC DE BORT.

TYPOGRAPHIE TOLMER ET ISIDOR JOSEPH

Rue du Four-Saint-Germain, 43, Paris.

www.ingramcontent.com/pod-product-compliance
Ingram Content Group UK Ltd.
Pitfield, Milton Keynes, MK11 3LW, UK
UKHW020508230726
13925UKWH00005B/2120